AF640485

Ueber die

Organisation des forstlichen Versuchswesens.

Academische Antrittsrede,

gehalten am 13. November 1869

in der grofsen Aula des Universitätsgebäudes

zu Giefsen

von

Dr. Richard Hess,

ordentlichem Professor der Forstwissenschaft an der Ludoviciana.

Giefsen.

J. Ricker'sche Buchhandlung.

1869.

Vorwort.

Nach bestehender Observanz liegt den an der Ludewigsuniversität zu Giefsen neu angestellten Professoren die Verpflichtung ob, eine Antrittsrede zu halten.

Kein Gegenstand fesselt im Augenblick die Aufmerksamkeit des forstlichen Publikums in höherem Grade, als die Frage nach der geeignetsten Organisation des forstlichen Versuchswesens.

Ich habe daher diese, schon von mehreren Seiten behandelte, Frage, nach reiflichster Erwägung aller gemachten Vorschläge, auch meinerseits in der vor dem Senat der hiesigen Universität gehaltenen Rede und zwar um so mehr behandelt, als ich, seit meinem Eintritt in das academische Lehramt an einer berühmten Hochschule Deutschlands, zu einer öffentlichen Kundgebung meiner Ansichten über dieses wichtige Thema mich verpflichtet fühlte.

Von dieser Anschauung geleitet, übergebe ich den hohen Staatsregierungen, meinen geehrten Fachgenossen und den Gönnern des Forstwesens im Nachstehenden den Gesammtausdruck meiner Ueberzeugung in Bezug auf die Einrichtung des forstlichen Versuchswesens zu geneigter Prüfung.

Dr. **Richard Hess.**

Giefsen, am 13. November 1869.

Hochansehnliche Versammlung!

Es gibt im Gebiete des forstlichen Wissens keine wichtigere Tagesfrage, als diejenige nach der geeignetsten Organisation des forstlichen Versuchswesens.

Der dem klaren und schöpferischen Genius Hundeshagen's vor einem halben Jahrhundert entsprungene Gedanke : dafs der weitere Ausbau des damals erst in seinen rohesten Umrissen vollendeten Gebäudes der Forstwissenschaft ganz wesentlich von einer gründlichen Messung der Verhältnisse zwischen den je zusammengehörigen Kräften und Erfolgen, zwischen Ursachen und Wirkungen bedingt sei, hat sich durch Anfeindungen und Zweifel hindurchgekämpft und endlich in allen forstlichen Kreisen, welchen Specialrichtungen dieselben auch huldigen mögen, festen Boden gewonnen.

Man ist gegenwärtig vollständig darüber aufgeklärt und davon durchdrungen, dafs auch in der

Forstwissenschaft die einfache Beobachtung der thatsächlichen Verhältnisse nicht mehr genüge, daſs vielmehr mit exacter Untersuchung derselben begonnen und mittelst des Versuches das Ziel möglichst intensiver Verwerthung der im Natur- und Volkshaushalt thätigen Kräfte zu Gunsten des Waldes und somit zum Wohle der Staaten erstrebt werden müsse.

Nur über die Organisation der vorzunehmenden Versuche ist man noch nicht einig, wie die Kundgebungen, welche in der letzten Zeit namentlich von Seiten der forstacademischen Lehrer Deutschlands hinsichtlich dieses Gegenstandes erfolgt sind, bezeugen.

In den Zeiten solcher Entwickelungsphasen einer jugendlichen und dieserhalb von Seiten ihrer älteren Schwestern leider häufig noch nicht für ebenbürtig gehaltenen Wissenschaft ist es — wie jüngst eine Stimme aus Bayern *) treffend bemerkt hat — allerdings nothwendig, daſs ein Jeder, der sich die wichtige Organisationsfrage über das forstliche Versuchswesen in seiner Weise klar zu machen versucht

*) Allgemeine Forst- und Jagdzeitung, herausgegeben von Dr. Gustav Heyer, Augustheft S. 300 und Septemberheft 1869 S. 344.

hat, das, was ihm als das Rechte hierbei erscheint, auch öffentlich bekenne. Hauptsächlich ist wohl der academische Lehrer der Forstwissenschaft berufen, seinen Ansichten über die Lösung dieser Frage Ausdruck zu verschaffen.

Fühlt ja doch Niemand den Mangel einer experimentellen Grundlage, der thatsächlichen Beweise für so manche aufgestellte Behauptung und die vielfachen Lücken im forstlichen Wissen mehr, als derjenige, dessen Lebensaufgabe dem Studium, der Förderung und der Verbreitung dieses Wissens gewidmet ist. Naturgemäfs mufs der Lehrer den Eintritt der Forstwissenschaft in das Gebiet der exacten Wissenschaften, welcher sich an die Ausführung des im verflossenen Jahre von deutschen Forstwirthen in Wien gefafsten Beschlusses : die Gründung forstlicher Versuchsstationen bei den deutschen Regierungen zu veranlassen, knüpfen wird — als den Sieg verkündenden Uebergang über den Rubicon am Freudigsten begrüfsen. Mit seiner ganzen geistigen Kraft mufs er dahin wirken, dafs der schon früher einmal erwachte und leider wieder entschlafene Eifer für das forstliche Versuchswesen nicht nochmals erkalte.

Als wirksamstes Vorbeugungsmittel hiergegen darf ohne Zweifel die baldige und sachgemäfse Organisation des forstlichen Versuchswesens bezeichnet werden. Nicht nur dem Kampf um materielle Interessen, auch demjenigen um geistige Güter mufs ein recht wohl durchdachter Feldzugsplan zum Grunde gelegt werden, wenn man Erfolge erzielen will. Abgesehen vom Interesse, gebietet den Vertretern der Wissenschaft schon die Pflicht, sich beim Entwurf dieses Planes zu betheiligen, damit das Werk gelinge.

Von dieser Ueberzeugung und der Wichtigkeit des forstlichen Versuchswesens durchdrungen, auf welche hinzuweisen auch ich schon vor Jahren in literarischen Berichten Veranlassung genommen habe*), ergreife ich, und zwar um so lieber, die Gelegenheit, meinen Standpunkt in der angeregten Frage öffentlich darzulegen, als ich hierdurch noch eine besondere Pflicht erfülle.

Durch die Gnade Sr. Königl. Hoheit, des Grofsherzogs von Hessen und bei Rhein, des erhabenen Schirmherrn der Ludoviciana, auf den ehrenden Antrag des hohen Senats seit Kurzem an diese berühmte Pflanzstätte der Bildung berufen, an welcher seit dem Jahre 1825 so hervorragende forst-

*) Man vergleiche: Allgemeine Forst- und Jagdzeitung Jahrgang 1860 S. 355, Jahrgang 1862 S. 285, Jahrgang 1864 S. 225 u. s. w.

liche Kräfte gewirkt haben, kann ich das für diese ehrenvolle Berufung in mir lebendige Dankgefühl vielleicht am Besten dadurch bethätigen, dafs ich für das Gebiet, welches an dieser Universität zu vertreten ich die Ehre habe, die Stellung des academischen Lehrers zu der auf das Versuchswesen gerichteten Geistesströmung unserer Tage zu beleuchten versuche. Indem ich mich hiermit in die grofse Gelehrtenrepublik der Universität einführe, nehme ich zugleich Veranlassung, auf die mit der zu behandelnden Frage in innigem Zusammenhang stehenden Bedürfnisse und die zeitgemäfse Gestaltung des forstlichen Unterrichts etwas näher einzugehen.

Die Betrachtung der aufgeworfenen Frage gliedert sich naturgemäfs in drei Theile.

Es mufs zunächst Jedem, welcher mit dem, aus den Eigenthümlichkeiten der Forstwirthschaft resultirenden, Character der Forstwissenschaft nicht näher bekannt ist, auffallen, dafs zur Förderung derselben erst in neuester Zeit derjenige Weg eingeschlagen wird, welcher in anderen verwandten Wissenschaften, z. B. in der Medicin, in den Naturwissenschaften und selbst in der Landwirthschaftslehre schon seit längerer Zeit mit Erfolg betreten worden ist. Eine, wenn auch nur skizzenhafte, Schilderung der Verhältnisse, welche als Ursache der Verzögerung dieses Aufschwunges der Forstwissenschaft anzusehen sind, wird daher, zur Abwehr gegen ein etwaiges Verdammungsurtheil, nicht umgangen werden können.

In zweiter Linie sind die, in Bezug auf die Art und Weise der Einrichtung des forstlichen Versuchswesens, bis jetzt bekannt gewordenen Vorschläge zu resümiren und zu prüfen, um eine Folie für die Anschauung zu gewinnen.

Diesem Ueberblick würde ich schliefslich mein persönliches Urtheil hinsichtlich der Organisationsfrage anzureihen haben.

Es liegt nahe, dafs mich hierbei wesentlich die Rücksichtnahme auf die hiesigen Verhältnisse leitet.

Mit der „Sylvicultura oeconomica", welche v. Carlowitz im Jahre 1713 veröffentlichte, war noch keineswegs eine Forstwissenschaft begründet.

So bedeutsam auch dieses erste selbstständige, forstliche Werk, welches die Forstwirthschaft getrennt von der Jagd behandelte, zu einer Zeit erscheinen mufste, in welcher die von den Urzeiten Germaniens her so warm gepflegte Jagd noch in höchster Blüthe stand, in welcher — kann man sagen — die Waldungen noch mehr des Wildes, als ihrer anderen Producte oder ihres mittelbaren Werthes halber erhalten und gehegt wurden, so entbehren doch die forstlichen Regeln des gelehrten und der philosophischen Richtung seines Zeitalters ergebenen Autors noch des wissenschaftlichen Fundamentes.

Wie konnte dies auch anders zu einer Zeit sein, in welcher die zur Erläuterung und Begründung forstlicher Theoreme nöthigen Wissenszweige, als: Mathematik, Naturforschung und die Wissenschaft des Socialismus noch geringer geachtet wurden als der Klassicismus und die scholastische Philosophie?

Aber v. Carlowitz gilt durch sein klassisches Werk mit Recht als Vorläufer der wissenschaftlichen Begründung des heutigen Forstwesens.

Im Jahre 1759 tauft Beckmann*) den Inbegriff der forstlichen Erfahrungen der damaligen Zeit mit dem Namen: Forstwissenschaft, nachdem Moser zwei Jahre vorher in seinen: „Grundsätzen der Forstöconomie“ die Stellung der Forstwirthschaft im Volkshaushalt angedeutet und hiermit diesem Zweig wirthschaftlicher Production neue Gesichtspunkte eröffnet hatte.

Allein die nach dem Grundsatz: „Embryo nas-

---

*) Es ist hiermit nicht der berühmte Cameralist Johann Beckmann, sondern der Forstinspector zu Wolkenburg: Johann Gottlieb Beckmann gemeint.

citurus habetur pro nato" vollzogene Taufe war eine verfrühete. Noch war das Kind der Forstwissenschaft nicht geboren. Erst dem Begründer der ersten Forstlehranstalt Deutschlands zu Berlin, dem Professor Gleditsch, gebührt die Vaterschaft dieses Kindes, und die übrigen Cameralisten der drei letzten Decennien des verflossenen Jahrhunderts vertraten Pathenstelle an dem Sprößling, dessen Erscheinen, nach so langen und harten Wehen, zu um so größeren Hoffnungen berechtigen mußte.

Als glänzender Name aus dieser cameralistischen, vorzugsweise dem Studium und der Ausbeute der geistvollen Arbeiten eines Du Hamel in allen Gebieten der reinen und angewandten Naturforschung ergebenen Schule verdient Friedrich Ludwig Walther genannt zu werden. Er war es, welcher in den Jahren 1788 bis 1828 die ersten forstwissenschaftlichen Vorlesungen an dieser Hochschule gehalten hat und die Erinnerung an seine hohen Verdienste um die Wissenschaft wird wach erhalten durch das sinnige Zeichen, welches ihm die dankbare Nachwelt unter dem Schatten der Platanen errichtet hat, die noch heute eine Zierde des hiesigen botanischen Gartens bilden.

Die Forstwissenschaft ist hiernach — lediglich

dies sollte dieser kurze geschichtliche Rückblick beweisen — sehr jugendlichen Ursprunges. Was will ein hundertjähriges Bestehen den Zeiträumen gegenüber bedeuten, nach welchen die ursprünglichen Facultätswissenschaften, deren Wiege schon in den ersten Klöstern zu suchen ist, ihre Ahnen zählen?

Noch viel ungünstiger erscheint dieser Zeitraum, wenn man das eigenthümliche Wesen der Forstwirthschaft näher in's Auge faſst. Hier vollziehen sich Saat und Ernte nicht, wie im landwirthschaftlichen Gewerbe, binnen des kurzen Zeitraumes weniger Monate. Zwischen Begründung und Nutzung unserer Hochwaldungen liegt mehr Zeit, denn ein Menschenalter.

Die Erforschung des schlieſslichen Einflusses der sich in den Erträgen unserer Wälder ausdrückenden Wachsthumsfactoren und Bewirthschaftungsformen erfordert daher das planmäſsige Zusammenwirken von Generationen.

Aber auch andere, als auf den endlichen Ertrag der Wälder gerichtete Untersuchungen, z. B. die Erforschung des Verhältnisses zwischen Aufwand und Erfolg bei der Bestandesbegründung, je nach Maſsgabe der Holzart, der Kulturart, der Kulturzeit und Beschaffenheit des Standortes, die Bemessung des Effectes der Erziehungsmittel nach Art und

Zeit ihrer Anwendung auf die periodische Entwickelung des Wachsthums der verschiedenen Holzarten, die Vergleichung des Aufwandes der zur Erndte unserer Waldproducte nöthigen Arbeitskräfte, Werkzeuge und Zeit, nach Mafsgabe der Beschaffenheit jener Producte einerseits, der angewendeten Hülfsmittel und Localverhältnisse andererseits bedürfen, um brauchbare Durchschnittszahlen zu geben, längere Zeiträume, als die Experimente des Physikers und Chemikers.

Als weitere Schwierigkeit der forstlichen Versuche ist die Zahl und Gröfse der Versuchsfelder, deren Anbau die Aufgabe der Gegenwart und Zukunft bilden wird, zu bezeichnen.

Welche unendlichen Verschiedenheiten gewährt nicht schon die Entwickelung eines einzelnen Baumes je nach Holzart, Betriebsart, Standort und Behandlungsweise ?

Die Untersuchung und Feststellung dieser Entwickelung, die Characteristik des Individuums ist aber noch keineswegs eine Characteristik des Waldes, wenn schon ein Naturforscher der Neuzeit meint : im Studium des Baumes liege die ganze Entwickelung des forstlichen Wissens.

Durch die Verschiedenheit der Art und Zeit der geselligen Vereinigung unserer Waldbildner auf verschiedenen Standorten und durch die Mannigfaltigkeit der Art der Behandlung von Jugend auf und der Zeit der Nutzung entstehen zahllose Variationen und Combinationen der Waldformen. Jede derselben trägt ihr ureigenes Gepräge; jede besitzt ihre besondere Entwickelung; jede bedarf daher auch der besonderen Untersuchung.

Um sich vor den Trugschlüssen aus im Kleinen unternommenen Versuchen einigermaſsen sicher zu stellen und die, durch eine Menge von Ausnahmen verschleierten, allgemeinen Gesetze, welche den Wirkungen der Naturkräfte zum Grunde liegen, zu entziffern, sind ferner sehr ausgedehnte Versuchsflächen nöthig.

Wo aber finden sich, bei der früheren Willkür der Waldbehandlung, ältere normale Bestände, wie solche das jetzige Jahrhundert begründet, in geeigneter Ausdehnung vor? Und wenn sie sich fänden, wo ist die Geschichte von deren Begründung, Erziehung und Pflege bis zum Mannes- und Greisenalter verzeichnet? Erwägt man, abgesehen von den Schwierigkeiten der Zeitdauer und Menge der vorzunehmenden Untersuchungen, des Mangels an geeigneten Versuchsobjecten zur Ertragsermittelung, die im Verhältniſs zu anderen Culturarten geringe

Einträglichkeit des Waldgewerbes, welches einer langjährigen Zinsanhäufung bedarf, um eine nachhaltige Rente zu liefern und der Speculation, bei der Schwierigkeit einer vortheilhaften Mobilisirung des Holzvorraths, ein sehr beschränktes Feld bietet, — die in den Zeitverhältnissen begründete, mangelhafte Vorbildung der früheren Forstwirthe, aus welcher sich deren lange andauerndes, indolentes Verhalten gegen die inzwischen stark an die Pforte klopfenden Naturwissenschaften erklärt — und endlich andererseits die verhältnifsmäfsig grofse Summe von naturwissenschaftlichen und mathematischen Vorkenntnissen, das umfangreiche forstliche Wissen, das hohe Mafs praktischer Erfahrung, die wissenschaftlichen Hülfsmittel und Capitalkräfte, deren die Ausführung planmäfsiger Versuche bedarf, so kann es nicht mehr befremden, dafs, trotz des reichen Schatzes von Thatsachen, welchen die Vergangenheit durch fleifsige Beobachtung gesammelt hat, im forstlichen Versuchswesen bisher nur Unvollkommenes geleistet worden ist.

Die Geschichte verzeichnet zwar, nach Hundeshagen, noch die Namen einiger Schriftsteller, welche, von lebendigem Eifer für das Fach beseelt, Anregung zur Einleitung exacter Versuche gegeben haben. Wir nennen von Heimgegangenen hauptsächlich Carl Heyer und von Wedekind als Männer, die durch Wort und Schrift für die forstliche Statik gewirkt haben.

Auch sind bereits hie und da Versuche über einzelne Gegenstände des forstlichen Wissens angestellt und veröffentlicht worden.

Es fehlte jedoch diesen vereinzelten Versuchen die organische Einheit, der innere Zusammenhang. Die Resultate entsprachen nicht immer der aufgewendeten Summe von Arbeit, Zeit und Geld, bedurften überdiefs, bei der Verschiedenheit des Mafs-, Gewicht- und Münzsystems der früheren Bundesstaaten, häufig noch der zeitraubenden Umrechnung; sie fanden daher im Verhältnifs nur geringe Beachtung.

Die Begründer und ersten Verfechter der Idee des forstlichen Versuchswesens gingen von der Ansicht aus: die Association der Privaten werde dasselbe am ehesten fördern.

Man erwartete die Einleitung und Fortbildung des forstlichen Versuchswesens theils von reichen Waldbesitzern, theils von den bestehenden Forstvereinen.

Man schlug die Gründung besonderer forststatischer Vereine vor, versprach sich namentlich von einer Vereinigung unter fürstlichem Protectorat besondere Resultate.

Das Fehlschlagen jener Erwartungen, die Erfolglosigkeit dieser Vorschläge mufste jedoch bald zu der Ansicht drängen : dafs nur der ewige Staat, dem Mittel und Kräfte in der nöthigen Menge und Ausdehnung zu Gebote stehen, Garantieen für die Anordnung und Durchführung von systematischen und zusammenhängenden Versuchen bieten könne. Es lag diese Idee um so näher, als inzwischen bereits in Baden (1838) Untersuchungen über die Holzhaltigkeit geschlossener Waldbestände, in Baiern (1846) Untersuchungen über die Massengehalte von 40,000 Stämmen als ein sprechendes Zeugnifs deutschen Fleifses auf Veranlassung der betreffenden Regierungen in den Staatsforsten zur Ausführung gelangt waren. Gegenwärtig ist diese Ansicht überall zur Ueberzeugung geworden. Auch haben einige Regierungen im Laufe dieses Jahrzehntes dem Drängen der Zeit schon Folge geleistet. In Sachsen und Baiern sind seit 1862, bez. 1867 forstlich meteorologische und forstliche Versuchsstationen begründet worden, erstere, um das an Widersprüchen noch so reiche Thema über den thermischen Einflufs der Wälder auf das Klima zu einem, auch wissenschaftlich befriedigenden, Abschlufs zu bringen, letztere, um zunächst die Effecte der Saat und Pflanzung, die Wirkungen der Durchforstungen, das Mafs der Bodenerschöpfung durch Streuentnahme für verschiedene Holzarten und auf wechselnden Standorten festzustellen.

Hoffnungsreiche Anfänge liegen also in einigen Ländern schon vor!

Man befindet sich auf dem Wege zum Ziel!

Lange Zeiträume und mehrfache Verirrungen waren, wie gezeigt, natürlich, ja man kann sagen, nothwendig.

Der Baum der forstlichen Erkenntnifs mufste, wie der Baum des Waldes, erst Blätter treiben, ehe er Blüthen und Früchte zeitigen konnte. Neue Thatsachen lassen sich in praktischen Wissenschaften nicht mit dem Thyrsusstabe hervorzaubern!

Erst im Sarge der Thorheiten steht die Wiege der Wahrheit!

Die Einstimmigkeit, mit welcher unser Zeitalter die Nothwendigkeit forstlicher Versuche unter Leitung des Staates betont, hat nur dadurch hervorgerufen werden können, dafs die Vergangenheit die Spuren der Irrwege gekennzeichnet hat.

Das brennende Losungswort der Gegenwart bildet nunmehr die Organisationsfrage.

Ich befinde mich hiermit, nach kurzem Kreislauf, wieder auf dem Boden, von welchem ich ausging und gestatte mir nun : die hauptsächlichsten Vorschläge kurz anzuführen und zu prüfen, welche in Bezug auf die geeignetste Organisation gemacht worden sind.

Diese Vorschläge lassen sich in zwei Hauptgruppen theilen. Ein Theil der Forstwirthe fordert zur Anordnung und Leitung der forstlichen Versuche die Gründung besonderer Büreaux in Verbindung mit den forstlichen Centralstellen. Von anderer Seite wird hingegen die Nothwendigkeit hervorgehoben, das Versuchswesen mit den bestehenden Forstacademieen in Verbindung zu bringen und die specielle wissenschaftliche Leitung desselben, natürlich immerhin unter staatlicher Oberaufsicht, dem Lehrerpersonal anzuvertrauen. Der von der Wiener Versammlung bestellte, aus den hervorragendsten forstlichen Lehrern : Heyer, Judeich, Baur, Ebermayer und Wessely bestehende Ausschufs hat in seiner Regensburger Sitzung (am 22. November 1868) für gröfsere Staaten die Einrichtung selbstständiger Versuchsbüreaux, deren Dirigent Mitglied der obersten Forstbehörde sein müsse, für kleinere hingegen die Vereinigung der Stationen mit der betreffenden Forstlehranstalt unter Leitung des Academiedirectors in der Voraussetzung empfohlen, dafs den Lehrern durch entsprechende Vermehrung der Kräfte die Lösung der Aufgabe ermöglicht werde.

Es liegt nahe, dafs auf diese Unterscheidung, je nach der Gröfse der Staaten, Oberforstrath Dr. Judeich zu Tharand und Professor Dr. Baur zu Hohenheim von wesentlichem Einflufs gewesen sind. Denn in Sachsen befindet sich die specielle Leitung und Ausführung einer Anzahl von Versuchen in den Händen der Direction zu Tharand und Professor Baur hat in seinem, 1868 veröffentlichten, Weck- und Mahnruf an alle Pfleger und Freunde des Waldes die Verbindung der Hauptstation mit dem Sitz der Forstlehranstalt des Landes warm befürwortet. In neuester Zeit hat auch Dankelmann, Director der Academie zu Neustadt-Eberswalde diese Verbindung als die einzig naturgemäfse bezeichnet *).

In Beziehung auf die örtliche Theilung in Haupt- und Nebenstationen herrscht zwar allgemeines Einverständnifs. Ueber die Functionen der

*) Zeitschrift für Forst- und Jagdwesen, herausgegeben vom Oberforstrath Dankelmann, Bd. I, S. 438 bis 448 : „Ueber die Organisation des forstlichen Versuchswesens".

Hauptstationen sind jedoch insofern verschiedene Ansichten laut geworden, als Manche die Thätigkeit der Hauptstationen lediglich auf Anordnung und Ueberwachung des gesammten Versuchswesens und Sammlung der gewonnenen Resultate beschränken, wenigstens die Vornahme forstlicher Versuche von der Aufgabe dieser Centralstationen ausschliefsen, während Andere die auf kleineren Flächen ausführbaren und weniger von Standortsverschiedenheiten bedingten Versuche dem geschäftlichen Ressort der Hauptstationen mit überweisen.

Dafs der Schwerpunkt der forstlichen Versuche in die eigentlichen Wald- bez. Nebenstationen, welche in gröfseren Waldcomplexen der verschiedenen Landestheile anzulegen sind, verlegt werden müsse, liegt in der Natur der Sache.

Was endlich die sachliche Unterscheidung in forststatische, meteorologische und chemisch-physiologische, oder wie Dankelmann will, in forstliche, meteorologische, chemisch-physikalische und physiologische Untersuchungen betrifft, so ist diese bei der, dem Principe angemessener Arbeitstheilung entsprungenen, Trennung der Wissensgebiete und vorwiegend specialisirenden Richtung unseres Zeitalters eine organische Nothwendigkeit. Beide Vorschläge, sowohl die organische Verbindung des Versuchswesens mit den forstlichen Centralstellen, als diejenige mit den Forstacademieen haben Gründe für und gegen sich.

Für die Centralisirung am Sitze und in Vereinigung mit der obersten Forstbehörde spricht:

1) dafs diese die Bedürfnisse, Local- und Personalverhältnisse des Landes am Besten kennt;

2) dafs ihr allein diejenige anordnende Gewalt beiwohnt, welche zur Einleitung und Durchführung systematischer Versuche im Walde unbedingt nothwendig ist;

3) dafs einem Theil der im Forsthaushalt alljährlich nothwendigen Arbeiten, z. B. Culturen, Holzfällungen, Bestandesmassenaufnahmen alsbald der Character forstlicher Versuche ertheilt werden kann, indem man auf einer gröfseren, nach mineralischem Untergrund, physikalischer Bodenbeschaffenheit, Exposition u. s. w. gleichartigen Fläche nur verschiedene Anbaumethoden mit, einem Ort und Jahrgang entstammenden, Sämereien oder mit gleichalten und gleichwüchsigen, an einer und derselben Stelle gezogenen, Pflänzlingen gleichzeitig nach den Methoden von Pfeil, Buttlar, Biermans, Heyer, Alemann, Manteuffel, Preuschen auszuführen, in den nämlichen Beständen nur die verschiedenen Hau- nnd Fällungswerkzeuge

bei der Erndte, von Meſswerkzeugen bei der Massenermittelung von Beständen anzuwenden und die Zeit-, Arbeits- und Geldaufwände, sowie schlieſslichen Erfolge, je nach Methoden und Werkzeugen gesondert, statisch zu präcisiren hat.

Schon im Regensburger Sitzungsprotocoll ist die ohne Zweifel richtige Ansicht entwickelt, daſs bei Auswahl der namentlich in nächster Zeit vorzunehmenden Versuchsarbeiten auf die Bedürfnisse des Landes besondere Rücksicht zu nehmen sei.

Wo z. B. forstliche Nebengewerbe, wie Köhlerei, Theerschwelerei, Harzsiederei nicht mehr bestehen, wo Niederwaldungen oder Laubholzhochwaldungen ganz untergeordnete Bestandesformen bilden, wo Berechtigungen der Unterthanen die an sich vortheilhaftere Baumrodung ausschlieſsen, wird man seine Thätigkeit im Versuchswesen auch anderen, als den genannten Betriebszweigen, Betriebsarten und Arbeiten zuzuwenden haben.

Um in den auszuwählenden Waldstationen auch wirklich alle oder wenigstens die hauptsächlichsten Verschiedenheiten nach Holzart, Betriebsart, Standort, Bestandesbeschaffenheit und zwar jede in ihrer characteristischesten Form zu erfassen, ist es jedenfalls nothwendig, daſs man auch alle im Lande vorkommenden Betriebsarten und Standortsverhältnisse im Detail kenne.

Die Personalverhältnisse kommen ferner, bei Anlage der Nebenstationen, in Frage, weil nicht alle Verwaltungsbeamten gleich befähigt zur Ausführung forstlicher Versuche sind und im Kreise der Befähigten, je nach der vorwiegenden wissenschaftlichen Richtung des Einen oder Anderen, die mehr in das Gebiet der Mathematik einschlagende Frage besser von Diesem, die inniger an eine geläuterte Naturerkenntniſs geknüpfte besser von Jenem gelöst werden kann.

Die Kenntniſs aller jener Bedürfnisse und dieser Verhältnisse wird man, selbst in einem kleinen Land, nur von der Centralstelle, nicht von dem Lehrerpersonal der Academie erwarten dürfen.

Daſs die Ausführung forstlicher Versuche besondere Einrichtungen und Anordnungen bedarf, welche nur von der Oberforstbehörde des Landes ausgehen können, ist in der Natur der Sache begründet.

Es müssen zu diesem Behufe geeignete Waldbestände ausgeschieden, besonders bezeichnet, Ausjätungen und Durchforstungen in denselben vorgenommen, Vorbereitungs-, Licht-, Abtriebsschläge vollzogen, Loshiebe vollführt, Nebenproducte geerndtet werden können, kurz die Dispositionsbefugniſs über diese Bestände muſs dem forstlichen Versuchsdirigenten vollständig zustehen.

Den Localbeamten müssen hinsichtlich der Behandlung und Beaufsichtigung dieser Bestände besondere Weisungen ertheilt werden. Die aufgewendeten Kräfte und erzielten Erfolge müssen in anschaulicher Form und mit gröſster Gewissenhaftigkeit gebucht werden. Durch etwaige Wechsel der Beamten darf die Führung dieser Lagerbücher Modificationen nicht erleiden.

Ja es müssen, um der, Decennien und längere Zeiträume erfordernden, Versuche willen, nicht selten Dienstversetzungen stattfinden, wenn bestimmte Oertlichkeiten vorzugsweise geeignet zu Untersuchungen sich erweisen, die an denselben befindlichen Beamten indessen der Aufgabe, diese Versuche durchzuführen, nicht gewachsen sind.

Wenn endlich einzelnen laufenden Jahresarbeiten der Character wirklicher Untersuchungen ertheilt werden kann, so werden sich hierdurch Ersparnisse an Versuchsflächen, Zeit, Arbeit und Geld erzielen lassen, welche um so schwerer in die Wagschaale fallen, als bisher oft Mangel an Arbeitskräften ein Hinderniſs intensiver Waldbehandlung gewesen ist, und die Geldmittel, welche das forstliche Versuchswesen erfordern wird, vielleicht nicht allerwärts opferfreudige Regierungen finden.

Zur Begründung des zweiten Vorschlages : den Mittelpunkt des Versuchswesens an den Sitz der betreffenden Forstlehranstalt zu verlegen, läfst sich hingegen anführen und ist hauptsächlich angeführt worden :

1) dafs den Lehrern als Trägern der Wissenschaft ganz vorzugsweise das Verständnifs der Zeitfragen und das Interesse für Erzielung wissenschaftlich brauchbarer Resultate innewohnen müsse;

2) dafs in dem Zusammenwirken forstlicher, mathematischer, botanischer, chemischer und physikalischer Lehrkräfte, welche auf der Forstacademie zu finden seien, die sicherste Bürgschaft für planmäfsige Leitung und Ausführung der bald in dieses, bald in jenes Gebiet der Wissenschaft einschlagenden Untersuchungen liege;

3) dafs sich an den Sitzen der Forstwissenschaft auch alle sachlichen Hülfsmittel : Sammlungen, Bibliotheken, Laboratorien, physikalische und mathematische Kabinete vereinigt fänden, welche zur Vornahme von wissenschaftlichen Versuchen nothwendig seien;

4) dafs die Betheiligung am Versuchswesen

nicht nur zu einem Bildungsmittel für Lehrer, sondern auch für Studierende sich gestalte.

Es liegt in diesen Gründen allerdings manches Wahre. Ueberhaupt bietet der Vorschlag, das forstliche Versuchswesen in organische Verbindung mit den Metropolen forstlicher Bildung zu setzen, im ersten Augenblick viel Verlockendes. Es drängt den Lehrer, sich auch mit Thaten an die Spitze der neuen, forstlichen Bewegung zu setzen.

Bei Prüfung der Kehrseiten und beim Eingehen in das praktische Detail beider Vorschläge mufs jedoch eine andere Auffassung die Oberhand gewinnen.

Es ist gegen die Gründung besonderer Büreaux an den Centralstellen der Forstverwaltung geltend gemacht worden :

1) dafs es in der Nähe mancher Hauptstädte, z. B. Berlin, München, an Wald zur Vornahme forstlicher Versuche fehle,

2) dafs diese Gründung viel kostspieliger sei, da erst geeignete Persönlichkeiten und sachliche Hülfsmittel, die auf den Academieen schon vorhanden seien, beschafft werden müfsten.

Dem ersten dieser Einwände ist wohl keine wesentliche Bedeutung beizulegen. Die Stichhaltigkeit des zweiten kann nicht unbedingt zugegeben werden.

Denn die Hauptstation hat, wenn man ihren vorwiegenden Character als Centralbüreau in's Auge fafst, als solches, forstliche Versuche gar nicht anzustellen.

Die Leitung des ganzen Versuchswesens im Lande und die Zusammenstellung der auf den Waldstationen erzielten Resultate wird, auch in kleineren Staaten, den forstlichen Versuchsdirigenten so vollständig in Anspruch nehmen, dafs derselbe auf die Anstellung selbstständiger Versuche wohl Verzicht leisten mufs.

Würde ein, die Ausführung der Culturen im Walde überwachender, Forstmann noch den nöthigen Ueberblick über das Ganze bewahren und das harmonische Zusammengreifen der einzelnen Arbeiten zum möglichsten Vortheil des Waldbesitzers erzielen können, wenn er sich an der Arbeit der Anfertigung der Pflanzlöcher oder des Einsetzens der Pflanzen betheiligte?

Für eine Anzahl kleiner Staaten, wie z. B. Sachsen, Baden, Hessen u. s. w. trifft indessen der Einwand nicht einmal zu, indem sich in der Nähe von Dresden, Carlsruhe, Darmstadt u. s. w. Waldungen befinden. Hier würde sich also sogar eine Waldstation mit dem Centralbüreau vereinigen lassen.

Die gröſsere Kostspieligkeit muſs bezweifelt werden, wenn man der Anstellung besonderer Versuchsdirigenten in den Hauptstädten des Landes die Vermehrung der wissenschaftlichen Kräfte an den Academieen, welche nach allgemeiner Ansicht eine unerläſsliche Vorbedingung für die Uebernahme der Leitung des Versuchswesens von Seiten der Lehranstalten ist, gegenüberstellt.

Hierzu kommt, daſs die Hauptstädte von Oestreich, Preuſsen, Baiern, Sachsen, Baden, Hessen entweder Universitäten oder polytechnische Anstalten besitzen, mithin nicht nur über wissenschaftliche Specialisten, sondern auch über ausgedehnte Hülfsmittel gebieten, welche denjenigen an den Forstacademieen gewiſs die Wage halten.

Die Befürchtung, daſs die Lösung der mit dem Forstfach in Verbindung stehenden, naturwissenschaftlichen Fragen an den Sitzen der Verwaltung weniger gelingen, ev. gröſsere Kosten verursachen werde, scheint hiernach nicht gegründet.

Meteorologische Stationen sind überdieſs in den Hauptstädten schon allerwärts eingerichtet.

Weniger leicht lassen sich die Bedenken entkräften, welche gegen die Vereinigung des forstlichen Versuchswesens mit den Forstacademieen auftauchen.

Sieht man auch ab von dem schon erwähnten Mangel an genügender Kenntnifs der forstlichen Local- und Personalverhältnisse, welcher dem Lehrerpersonal der Academie anhaften mufs, indem sich dieser dadurch ausgleichen liefse, dafs die Auswahl der Stationen und Versuchsorgane vorzugsweise durch Vermittelung der obersten Verwaltungsbehörde erfolgte, so läfst sich doch der Mangel an anordnender Gewalt durch keine Einrichtung genügend beseitigen. Denn die volle Freiheit des Schaltens und Waltens über alle Waldstationen, deren Zahl und Ausdehnung mit der Zeit aufserordentlich zunehmen wird, kann dem academischen Lehrkörper oder vielmehr dessen Vertreter unmöglich eingeräumt werden. Eine solche Mafsregel liefse sich mit den Grundsätzen eines geordneten Forsthaushaltes nicht vereinigen.

Es kann schliefslich nur eine Behörde Anordnungen im Walde treffen.

Zur Vermeidung von Collisionen würde daher, um dem Versuchsdirigent die Vornahme jeder Untersuchung zu ermöglichen, kein anderer Weg übrig bleiben, als derjenige : die in den verschiedensten Forsten gelegenen Waldstationen auszuscheiden, zu einem ideellen Ganzen zu vereinigen und auch die administrative Leitung hierüber dem Versuchsdirigent zu übertragen. Der Durchführung dieses Princips kann man, selbst bei oberflächlichster Kenntnifs des Waldes, unmöglich das Wort reden.

Ich verzichte darauf, die ganz offenkundigen, nachtheiligen Folgen einer solchen Trennung im Einzelnen auszuführen.

Es würde eine grenzenlose Anomalie sein, auf der einen Seite wissenschaftliche Erfolge erzielen zu wollen und auf der anderen die wirthschaftlichen Vortheile aufzugeben, welche so innig an den einheitlichen Gufs aller Verwaltungsnormen geknüpft sind.

Der Umstand, dafs die Forstacademie in der Regel dem Ministerium des Unterrichts, die Staats- oder Domainenforsten hingegen stets dem Ministerium der Finanzen unterstellt sind, bietet ferner ein fast unbesiegbares, geschäftliches Hindernifs für die Vornahme einer solchen Trennung dar. Endlich würden, in Folge derselben, natürlich besondere Personen mit erheblichen Kosten zur Ausführung der im Walde vorzunehmenden Versuche angestellt werden müssen, denn die Staatsforstbeamten hätten dann mit den ausgeschiedenen Versuchsflächen nichts mehr zu thun.

Hiernach könnte dem forstlichen Versuchsdirigenten immer nur eine beschränkte Competenz in Bezug auf die zu untersuchenden Waldbestände eingeräumt werden. Eine namhafte Zahl von Arbeiten würde nur mit Zustimmung der obersten Forstbehörde vorgenommen werden können. Die Verwaltungsorgane müfsten Anweisung erhalten, den Aufträgen der Academiedirection Folge zu leisten. Der Verkehr zwischen dem Versuchsdirigenten und der forstlichen Centralstelle einerseits — dem betreffenden Verwaltungspersonal andererseits würde ein continuirlicher sein.

Untersucht man die Lage, in welche der academische Lehrer im einen, wie im anderen Falle kommen würde, so ist dieselbe eine fast gleich mifsliche.

In beiden Fällen wird er zum Verwaltungsbeamten, im ersten unmittelbar unter dem Ministerium, im letzten, practisch allein ausführbaren, sogar ein der forstlichen Centralstelle Subordinirter.

Entspricht oder verträgt sich diese Stellung mit dem wissenschaftlichen Beruf eines Lehrers? Mit Recht rühmt man an diesem Stand die Freiheit und Unabhängigkeit in Wort, Schrift und That.

Diese Freiheit ist die nothwendige Voraussetzung einer gedeihlichen Lehrthätigkeit und wissenschaftlicher Erfolge. Sie entschädigt zugleich für die geistigen Mühen des Lehrers, welcher immer bergauf steigen mufs und die Höhe des Berges doch niemals erreicht. Liebe zur Wissenschaft und das eigene Pflichtgefühl sind der einzige Sporn zu ernster wissenschaftlicher Vertiefung, zu Frucht tragender Geistesforschung! Mit steigender Erkenntnifs erhält jene Liebe neue Nahrung, wächst der Eifer des Forschers. Im Urtheil der, wahres Verdienst selten verkennenden, öffentlichen Stimme, deren Kritik der academische Lehrer ganz besonders ausgesetzt ist, mehr noch in der geheimen Stimme des Herzens findet er Anerkennung seiner Bestrebungen.

Was aber wird aus dieser gerühmten Freiheit, wenn der academische Lehrer, in die Verwaltungssphäre gedrängt, die Leitung des ganzen Versuchswesens in die Hand nehmen und sich hierüber Vorschriften ertheilen lassen mufs, wenn er, aus der ihm zusagenden, speciellen forstlichen Richtung in das breite Fahrwasser encyclopädischen Wissens gelenkt wird?

Die Zwitterstellung, in welche auf der anderen Seite die betreffenden Verwaltungsbeamten gerathen würden, wenn sie gleichzeitig den Anordnungen zweier Behörden entsprechen müfsten, von denen jeder die Ansprüche der anderen unbekannt sind, will ich nur andeuten.

Ein zweites, noch keineswegs widerlegtes, Bedenken gegen die organische Verbindung des Versuchswesens mit den Forstacademieen ist das einer Ueberbürdung der Lehrer, bez. Zersplitterung der Lehrkräfte. Zwar will man denselben besondere Versuchsdirigenten beigeben oder unterstellen, welche theils die Versuche an der Hauptstation ausführen, theils die Nebenstationen, während der Docent durch Vorlesungen im Laufe des Semesters behindert ist, bereisen, theils an der Verarbeitung des aus allen Theilen des Landes officiell oder freiwillig eingehenden Materiales sich betheiligen. Die obere Leitung des Versuchswesens würde hingegen dem, ohnedies schon mit geschäftlichen Arbeiten mehr oder weniger überhäuften, Academiedirector immerhin zufallen, und in Folge dieser Doppelstellung entweder das Versuchswesen oder der Unterricht leiden müssen.

Schon Hundeshagen hat die Erfahrung gemacht, daſs sich das forstliche Versuchswesen nicht nebenbei betreiben lasse.

In dem Vorschlag der Gründung selbstständiger Büreaux am Sitze der Centralstelle, unter der Leitung je eines neu anzustellenden Mitgliedes derselben, welcher dem Regensburger Ausschufs im Princip wohl vorgeschwebt hat und auch von demselben, für gröfsere Staaten wenigstens, gemacht worden ist, spiegelt sich die nämliche Ueberzeugung wieder.

Selbst die Vermehrung der Lehrkräfte und die vorgeschlagene Creirung besonderer Subdirigenten, aufser dem eigentlichen Versuchsdirigenten, würde ein besonderes, selbstständiges Büreau immerhin nicht ersetzen.

Nur durch angemessene Arbeitsrepartition lassen sich, wie das alltägliche Leben in tausend Beispielen zeigt, Erfolge in Wissenschaft und Praxis erzielen.

Wenn irgend ein Stand seine wissenschaftliche Thätigkeit concentriren mufs, so ist es gewifs derjenige der academischen Lehrer.

Man kann behaupten, dafs schon jetzt an manchen Anstalten das vorhandene Lehrerpersonal kaum genügt, um den von Tag zu Tag sich steigernden Ansprüchen zu genügen.

Es befinden sich zwar wohl an jeder Forstacademie, und so auch an der hiesigen Universität, zwei Docenten der Forstwissenschaft. Wenn man indessen das zahlreiche Docentenpersonal, welches in anderen Lehrfächern thätig ist, und auf der anderen Seite den reichhaltigen Catalog forstlicher Vorlesungen in's Auge faſst, wobei noch der Umstand in die Wage fällt, daſs in Ländern, für welche ein practischer Vorbereitungscursus nicht besteht, der practische Unterricht mit auf der Academie ertheilt werden muſs, so wird man die Zahl von zwei forstlichen Lehrern um so weniger für eine den Anforderungen der Jetztzeit entsprechende erachten können, als in der Mehrzahl der Fälle noch eine Revierverwaltung zu den Functionen des zweiten Lehrers zählt.

Betrachtet man zunächst die Facultätswissenschaften, so besitzt z. B. die Theologie für die dogmatische, historische, exegetische und practische Richtung je einen besonderen Vertreter. Wir finden desgleichen im Gebiete des Rechts besondere Professoren für römisches Recht, deutsches Recht, Rechtsgeschichte, Staatsrecht, Criminalrecht, Proceſs u. s. w. und in der Medicin für Anatomie und Physiologie, Pathologie, Chirurgie, Geburtshülfe, Psychiatrie, Pharmakologie, Staatsarzneikunde u. s. w.

Es hat ferner an jeder höheren Lehranstalt jedes naturwissenschaftliche Fach mindestens eine oder sogar mehrere Specialkräfte. Man würde es heutzutage für eine unbegreifliche Cumulation der Fächer halten, wenn ein Botaniker zugleich Mineralogie oder ein Chemiker zugleich Physik zum Gegenstande seines academischen Vortrages machen wollte, so innig auch das Leben der Pflanze an den Standort geknüpft ist und so wesentliche Berührungspunkte auch zwischen chemischer und mechanischer Naturlehre vorhanden sind.

Wie dürftig sieht es hingegen in dieser Beziehung noch in der Forstwissenschaft aus. Zwar bestehen auch in dieser Trennungen nach Lehrfächern, bez. Richtungen, aber nicht an allen Orten sind diese Trennungen sachgemäfse, und überhaupt ist das je einem forstlichen Lehrer zugewiesene Gebiet immer noch ein zu umfassendes.

Ich bin auf den Einwand gefafst, dafs die Geisteswissenschaften, ihrer Natur nach, der Subjectivität eine gröfsere wissenschaftliche Vertiefung gestatteten, und dafs die genannten empirischen Wissenszweige, in Folge exacter Forschung, zu einer höheren Stufe der Entwickelung sich emporgeschwungen hätten, als die noch jugendliche Forstwissenschaft.

In den Augen mancher Vertreter speculativer Wissenschaften finden überhaupt practische Fächer, trotz ihrer, über jeden Zweifel erhabenen, Bedeutung, principmäfsig wenig Gnade. Aber wenn auch die vor uns liegende Zukunft weit gröfser ist, als die

Vergangenheit, so ist doch schon die Forstwissenschaft von heute nicht mehr die Forstwissenschaft von Gleditsch, Burgsdorf, Cotta und Hundeshagen. Ich brauche nur auf das hohe Mafs gesammter Ausbildung hinzudeuten, welche man heutzutage von einem Forstmann fordert.

Es ist bezeichnend, dafs man am Polytechnicum zu Carlsruhe bereits einen vierjährigen Cursus für denselben eingeführt hat.

Der Student der Forstwissenschaft braucht hiernach, bezüglich seines Bildungsganges, den Vergleich mit keinem anderen Academiker zu scheuen.

Man gewähre aber auch den forstlichen Lehrern die Möglichkeit, sich zu Specialisten ausbilden zu können.

Es genügt, bei den kurzen academischen Semestern, nicht mehr, wenn blofs die Hauptdisciplinen der Forstwissenschaft, als : Encyclopädie und Methodologie, Waldbau, Forstschutz, Forstbenutzung, Forsttechnologie, Waldertragsregelung, Waldwerthberechnung, Forstverwaltungskunde, Forstpolizei und Forstgeschichte an einer höheren Lehranstalt zum Vortrag gelangen.

Auch Vorlesungen über die wichtigeren Theile dieser Hauptdisciplinen, z. B. über : Bestandesmischungen, Durchforstungen, Eichenschälwaldwirthschaft, Statik der Fäll- und Meſswerkzeuge, Holzvorraths- und Zuwachsermittelung, Waldertragsregelungsmethoden u. s. w. müſsten an jeder forstlichen Hochschule mit auf der Tagesordnung stehen. Daſs zwei forstliche Lehrer höchstens dann genügen, um dieses Material in Bezug auf das Wissen und Können vollständig zu beherrschen — denn diese Beherrschung bedingt auch eine entsprechende Vertiefung in diejenigen Wissenszweige, in deren Boden der forstliche Baum seine Wurzeln schlägt — wenn sie ihre Kräfte ausschlieſslich dem Lehramte widmen können, dürfte schon aus dieser Aufzählung hervorgehen.

Die letzte Voraussetzung ist indessen, wie bereits erwähnt, nicht einmal in allen Fällen vorhanden.

Wenn hiernach schon gegenwärtig nirgends ein Ueberfluſs an forstlichen Lehrkräften bemerkbar ist, wer soll dann die Resultate, welche wir von den zu gründenden Versuchsstationen erwarten, wissenschaftlich verarbeiten, wer soll das jugendliche Reis der forstlichen Statik, von welchem wir Alles hoffen, bis zur Erlangung der Pubertät pflegen?

Es wird, bei der im Eingang geschilderten Schwierigkeit forstlicher Experimente, ohnehin schon ein gutes Theil Zeit verstreichen, bis dieses

Reis zum befruchtenden Mutterbaum heranwächst. Wir dürfen daher, ohne uns der schwersten Verantwortung, künftigen Geschlechtern gegenüber, auszusetzen, kein Treibmittel unbenutzt lassen, wir haben sogar besondere Kräfte nöthig, welche sich ausschliefslich der Pflege dieses Sprösslings hingeben. Es ist ja noch die Methode des Messens, die Art und Weise, auf welche man Kraft und Erfolg in jedem einzelnen Falle vergleicht, näher festzustellen. Auch diese Aufgabe mufs bearbeitet werden.

Es ist wirklich hohe Zeit, dafs man auch in der Forstwissenschaft ausschliefslich in die specielle Bearbeitung der einzelnen Fachzweige einlenke. Die Zeiten des Polyhistors sind auch für uns vorüber. Es handelt sich jetzt, nachdem das forstliche Gebäude fundirt ist, um den inneren Ausbau, um die Tapezirung der Zimmer. Hierzu müssen absolut Specialkräfte beschafft werden.

Man braucht kein Prophet zu sein, um vorauszusehen, dafs in nicht allzuferner Zeit an allen bedeutenden Forstacademieen Deutschlands die Gruppen : Productionslehre, Gewerbslehre (excl. Statik), forstliche Statik und Forstgeschichte (nebst Staatsforstwirthschaftslehre) mit je besonderen Vertretern sich formiren werden. Diese naturgemäfse Ausbildung würde aber gänzlich unmöglich gemacht werden, wenn man dem jetzigen, schon an sich numerisch kaum genügenden, Lehrerpersonal auch noch das forstliche Versuchswesen officiell aufbürden wollte.

Meint man, dafs es zur Oberleitung des Versuchswesens in der Hauptstadt einer besonderen Kraft bedürfe, so kann man unmöglich glauben, dafs der forstliche Lehrer diese Leitung noch als Nebenfunction übernehmen könne.

Ob der Staat gröfser oder kleiner, kann die Auffassung im Princip nicht beeinträchtigen.

Die Zahl der Waldstationen in kleineren Staaten ist zwar geringer, als in Ländern, wie z. B. Preufsen. Die Gründlichkeit der Untersuchung mufs indessen die nämliche sein.

Auch erfordert die erste geschäftliche Einrichtung des Versuchswesens : die Auswahl der Stationen, die nähere Fixirung der Untersuchungsgegenstände auf Grund des Regensburger Programmes, der Entwurf von Instructionen für Art und Zeit der Untersuchung, von Bestimmungen über die Buchung der Ergebnisse selbst in kleineren Staaten eine solche Summe von Arbeit, dafs hierzu die Beschaffung besonderer Kräfte eine Nothwendigkeit wird.

Noch läfst sich die Gröfse des sich uns hier eröffnenden Feldes gar nicht ermessen. Ungeahnte Schwierigkeiten werden allerwärts zu Tage treten. Sollen diese überwunden, sollen entsprechende Resultate erzielt werden, so schaffe man für das Versuchswesen einen besonderen lebensfähigen Organismus und statte diesen mit den erforderlichen Mitteln aus. Nur dann wird der Erfolg die Opfer lohnen!

Ich stehe hiernach, in Uebereinstimmung mit den schon erwähnten Kundgebungen aus Baiern, mit im Lager Derjenigen, welche die Centralisirung des Versuchswesens am Sitze und in Verbindung mit der Oberforstbehörde für erspriefslicher halten.

Es ist hierdurch keineswegs ausgeschlossen, dafs sich die Professoren der Forst- und Naturwissenschaften, je nach Neigung und Zeit, mit an den forstlichen und naturwissenschaftlichen Untersuchungen betheiligen. Man kann und mufs sogar die Anstellung einzelner Versuche den hierzu disponirten academischen Lehrern, unter Zuweisung der nöthigen Geldmittel und Hülfskräfte, überlassen.

Für kleinere Staaten empfiehlt sich, schon im Interesse des Kostenpunktes, von der für gröfsere Staaten in Vorschlag gebrachten Bestellung eines besonderen Agriculturchemikers als Dirigent der naturwissenschaftlichen Abtheilung Abstand zu nehmen.

Für die Ausführung der nöthigen chemischen und physiologischen Versuche finden sich an der Universität, Academie oder polytechnischen Anstalt des Landes Specialisten.

Betheiligen sich forstliche Lehrer am Versuchswesen, so ist es dem Zwecke entsprechender, wenn sich dieselben nur einzelne, in ihr specielles Gebiet einschlagende Arbeiten zulegen, diese aber, wo möglich, an allen Stationen zur Ausführung bringen, als wenn sie eine gröſsere Zahl von Untersuchungen, diese aber bloſs am Sitze der Forstlehranstalt, übernehmen.

Nur in diesem Falle kann es der Einzelne zu derjenigen Vollkommenheit im Experimentiren bringen, welche allein Erfolge erwarten läſst.

Man hole ferner bezüglich der zunächst in Angriff zu nehmenden Arbeiten und beim Entwurfe von Instructionen die Gutachten von Specialisten ein.

In diesem Sinne können und werden alle Lehrer gern mit an Förderung des Versuchswesens wirken.

Zu einer officiellen Uebernahme aller Untersuchungen, nach ertheilten Vorschriften, ev. unter der administrativen Oberleitung der Centralforstbehörde, werden sich indessen nur Wenige bereit finden.

Fasse ich im Besonderen die Verhältnisse des Großherzogthums Hessen in's Auge, so sprechen noch als äußere Gründe die Entfernung zwischen Darmstadt und Gießen und die Lage der Hauptstadt zu den Waldungen des Landes für die organische Verbindung des Versuchswesens mit der Oberforstbehörde des Landes. Erstere macht die regelmäßige, mündliche Communication zwischen dem Dirigent des Forstwesens und dem Director des Forstinstituts, wie solche z. B. in Baden und Braunschweig, wo sich die Forstlehranstalten zugleich in den Hauptstädten befinden, stattfinden könnte, unmöglich. Der Geschäftsgang würde hierdurch, gegen das Interesse beider Theile, sehr erschwert werden, denn Benehmungen mit der Oberforstdirection sind vor jedem Versuche nothwendig.

Der Hauptcomplex der hessischen Waldungen liegt ferner näher an Darmstadt, als an Gießen. Die Bereisung der Nebenstationen würde also von dort aus, wenn man den Vogelsberg ausnimmt, leichter erfolgen können, als von hier.

Zudem nöthigen schon sonstige Dienstgeschäfte die Oberforstbeamten zur periodischen Bereisung der ihrer Aufsicht unterstellten Waldungen.

Ich glaube, hiermit dargethan zu haben, dafs die officielle Leitung des ganzen forstlichen Versuchswesens in einem Lande für den betreffenden Academiedirector überhaupt und somit auch die Uebernahme desselben im Grofsherzogthum Hessen für mich eine Unmöglichkeit ist.

Die Grundzüge der Organisation für das Versuchswesen in diesem Lande würden mithin, meiner unmafsgeblichen Ansicht zu Folge, etwa die nachstehenden sein:

I. Man gründe ein besonderes Versuchsbüreau in Darmstadt unter der Leitung eines, blofs für diesen Zweig forstlicher Thätigkeit anzustellenden, geeigneten Forstmannes, welcher zugleich Mitglied der Oberforstdirection wird, um im Namen derselben die anordnende Gewalt ausüben zu können.

II. Dieses Versuchsbüreau übernimmt blofs die Oberleitung über das Versuchswesen im ganzen Lande. Die Nebenstationen werden in der erforderlichen Zahl und in geeigneten Forsten des Vogelsberges, Odenwaldes und der Waldungen des flachen

Landes angelangt. Die auf denselben auszuführenden Arbeiten beschränken sich auf forststatische Untersuchungen.

III. Man richte, wo möglich, zwei meteorologische Waldstationen, die eine im Odenwald, die andere im Vogelsberg ein.

Die Verbindung derselben mit einer forstlichen Station ist zwar wünschenswerth, jedoch nicht unbedingt nothwendig.

IV. Für die chemisch-physiologischen Versuche gewinne man an der Universität Gießen oder am Polytechnicum zu Darmstadt Specialisten, welche die Bearbeitung ganz nach eigenem Ermessen vollführen und die Resultate dem Centralbüreau zur Veröffentlichung überlassen.

V. In gleicher Weise betheiligen sich die forstlichen Lehrer der Universität nach Neigung und freier Wahl am Versuchswesen. Die von ihnen übernommenen Arbeiten führen sie an allen Stationen des Landes aus, soweit dieses ohne Unterbrechung ihrer Vorlesungen möglich ist.

VI. Das Centralbüreau, dessen Leiter in geschäftliche Verbindung mit den Versuchsdirigenten der anderen Länder zu treten haben würde, veröffentlicht alljährlich in einem besonderen Organ die vorgenommenen Untersuchungen nach Methoden und Resultaten.

Die Forstwirthe Hessens haben, jedenfalls wegen der vorzüglichen allgemeinen Bildung, welche ihnen auf der Universität zu Theil geworden, und wegen der Berühmtheit der forstlichen Lehrkräfte, an deren Stelle zu stehen ich die Ehre habe, stets vorangeleuchtet.

Die fast den dritten Theil des Landes bedeckenden Waldungen sind musterhaft bewirthschaftet.

An der Spitze des Landes steht eine erleuchtete Regierung und ein erhabener Fürst, der noch zu allen Zeiten Seine Huld der Wissenschaft durch Wort und That hat zu Theil werden lassen. Es ist hiernach nicht zu bezweifeln, dafs auch in diesem Lande die geeigneten Schritte zur Begründung und Erhaltung forstlicher Versuchsstationen erfolgen werden.

Möchte hierbei an mafsgebender Stelle, im Interesse des Erfolges die Ansicht : dafs der beabsichtigte Zweck nur durch Gründung eines besonderen Centralbüreau's in organischer Verbindung mit der Oberforstbehörde vollständig erreicht werde — zur Geltung gelangen!

Druck von Wilhelm Keller in Giefsen.

FSC
www.fsc.org
MIX
Papier | Fördert
gute Waldnutzung
FSC® C083411

Zeitfracht Medien GmbH
Ferdinand-Jühlke-Straße 7
99095 Erfurt, Deutschland
produktsicherheit@kolibri360.de